AF369477

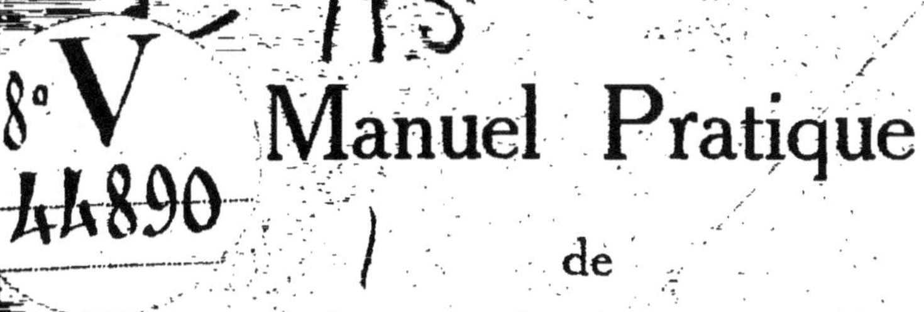

Manuel Pratique

de

Chauffage Central

Systèmes Modernes

VAPEUR BASSE PRESSION — EAU CHAUDE

PAR

L. PREINSLER

INGÉNIEUR

COMMENT FONCTIONNE UNE INSTALLATION DE CHAUFFAGE CENTRAL

CALCUL RAPIDE DES DIVERS ÉLÉMENTS ET DU COUT DE L'INSTALLATION

ACCESSOIRES — MARCHE ÉCONOMIQUE

3e Édition, revue, corrigée et considérablement augmentée.

PARIS

LIBRAIRIE GÉNÉRALE SCIENTIFIQUE & INDUSTRIELLE

H. DESFORGES

29, Quai des Grands-Augustins, 29

1925

Manuel Pratique

de

Chauffage Central

Manuel Pratique

de

Chauffage Central

Systèmes Modernes

VAPEUR BASSE PRESSION — EAU CHAUDE

PAR

L. PREINSLER

INGÉNIEUR

COMMENT FONCTIONNE UNE INSTALLATION DE CHAUFFAGE CENTRAL

CALCUL RAPIDE DES DIVERS ÉLÉMENTS ET DU COUT DE L'INSTALLATION

ACCESSOIRES — MARCHE ÉCONOMIQUE

3° Édition, revue, corrigée et considérablement augmentée.

———◦———

PARIS

LIBRAIRIE GÉNÉRALE SCIENTIFIQUE & INDUSTRIELLE

H. DESFORGES

29, Quai des Grands-Augustins, 29

1925

NOTE POUR LA DEUXIÈME ÉDITION

Nous offrons aux nombreuses personnes intéressées par le *Chauffage Central*, cette nouvelle édition de notre *Manuel pratique*.

Nous espérons que ce modeste travail continuera à rendre des services à ceux pour lesquels il a été spécialement écrit ; c'est-à-dire à ceux qui, ayant l'intention de faire installer un de ces systèmes de chauffage, en veulent pour leur argent et comprennent que pour défendre leurs intérêts en cette circonstance, il leur faut posséder certains éléments de la question.

L. P.

NOTE POUR LA TROISIÈME ÉDITION

Nous sommes très heureux de présenter à nos fidèles lecteurs cette troisième édition de notre *Manuel pratique de Chauffage.*

Nous y avons apporté différentes modifications qui, nous l'espérons, seront goûtées de tous :

1º Nous avons mis au cours du jour les prix de revient des installations ainsi que les prix des accessoires et entretien ;

2º A la demande de plusieurs lecteurs, nous avons ajouté des détails concernant le calcul des tuyauteries ;

3º Quoique notre ouvrage ne soit pas atteint par les perfectionnements de détail qui pourraient être apportés aux installations, nous donnons quelques renseignements sur le chauffage central à eau chaude par cuisinière et sur le service d'eau chaude.

Nous espérons ainsi intéresser de plus nombreux lecteurs et donner à ceux qui nous connaissent déjà, les renseignements qu'ils recherchent.

L. P.

INTRODUCTION

Au cours des nombreuses installations de *chauffage central* dont nous avons eu à nous occuper, il nous a été facile de remarquer combien cette question, si simple pour les initiés, demeure complexe et remplie d'obscurité pour le *nombre considérable de personnes* qu'elle est *susceptible d'intéresser*, mais qui ne peuvent donner à cette étude que très peu d'instants.

Disons aussi que beaucoup de constructeurs ne font aucun effort pour diminuer cette gêne, dans le but de sauvegarder ce qu'ils croient être leur intérêt.

Or, nous ne sommes pas de leur avis, et nous pensons au contraire qu'il est de bonne diplomatie de renseigner l'acheteur le plus exactement et le plus complètement possible sur le fonctionnement et les conditions de meilleur rendement des appareils qu'on lui destine.

D'autant plus que les installateurs gagneront ainsi du temps à causer avec des personnes averties, en pleine connaissance du sujet, et à notre époque d'affaires traitées et menées à toute allure, il n'est peut-être pas indifférent d'obtenir cet avantage.

Cette étude n'aura donc pas de prétentions scientifiques, encore moins littéraires, elle sera *avant tout pratique* et *d'un usage immédiat*.

Son but sera d'initier rapidement nos lecteurs aux détails de la question si intéressante du chauffage central.

Elle leur permettra de discerner avec facilité le genre de chauffage, vapeur ou eau chaude, qui conviendra le mieux dans chaque cas particulier, d'en apprécier l'importance au point de vue calorifique et pécuniaire, d'en connaître le coût d'entretien et la dépense en charbon.

Enfin, elle les mettra en mesure de défendre victorieusement leurs intérêts contre les agissements peu scrupuleux de soi-disant constructeurs pleins d'audace, qui ne possédant pas les éléments théoriques suffisants pour calculer une installation de chauffage, déterminent au petit bonheur l'importance de la chaudière et celle des radiateurs et arrivent ainsi fatalement à donner trop de chaleur dans certaines pièces, alors qu'on a froid dans d'autres, et que bien souvent on gèle dans toutes.

Persuadé que nos lecteurs retireront grand profit de la lecture de ce livre, nous croyons avoir fait œuvre utile et livrons en confiance *à tous, ce travail de vulgarisation* sans prétention.

PREMIÈRE PARTIE

PRINCIPES, DESCRIPTIONS

COUP D'ŒIL GÉNÉRAL SUR LA QUESTION CHAUFFAGE

La température de notre corps devant osciller, pour que ses fonctions soient normales, entre 37 et 38°, l'instinct de conservation et notre amour du bien-être nous préviennent dès que l'abaissement de cette température risque de nous faire courir un danger, ou simplement de nous causer une impression fâcheuse.

De là, la recherche des moyens de chauffage artificiels et de toutes les méthodes suivies dans ce but jusqu'à nos jours.

Le progrès s'est particulièrement fait sentir dans cette branche de l'activité humaine, et il y a opéré de très heureuses transformations.

Aux anciens modes de chauffages, *cheminées, poêles, calorifères à air chaud,* il a substitué les merveilleux systèmes de

Chauffage central par la vapeur à basse pression et par l'eau chaude.

Ce n'était pas sans raison d'ailleurs que les inventeurs avaient été amenés à rechercher opiniâtrement des palliatifs aux nombreux défauts des méthodes employées jusqu'alors. En effet :

Les *cheminées* dévoraient, sans profit pour notre confort, tout le combustible qu'on voulait bien leur confier.

Les *poêles*, d'un rendement moins mauvais, faisaient peser sur nous les menaces de l'asphyxie.

Les *calorifères à air chaud* ne se contentaient pas de dessécher l'air, d'introduire des poussières et des gaz délétères dans les appartements ; ils étaient aussi au plus mal avec les vents extérieurs, qui en rendaient la marche capricieuse, et par surcroît ils étaient d'un entretien onéreux.

Il fallait donc à tout prix trouver mieux, le génie de l'homme n'y a pas failli.

QU'EST-CE QUE LE CHAUFFAGE CENTRAL ?

Le chauffage central est un ensemble d'organes qui permet de distribuer aux différentes pièces d'un immeuble, quelle que soit sa destination, nouvellement construit ou ayant eu la gloire d'abriter nos aïeux, la chaleur dégagée par *un foyer unique*, placé autant que possible au centre de l'installation.

On divise actuellement les systèmes modernes de chauffage central en deux catégories :

1º **Chauffage Central par la Vapeur à basse pression ;**

2º **Chauffage Central par l'Eau chaude.**

Nous allons étudier en détail chacun de ces systèmes ; ils sont la simplicité même et se composent de trois groupes d'organes principaux :

1º *Une chaudière*, source de chaleur, produisant de la vapeur ou de l'eau chaude.

2º *Des radiateurs*, boîtes métalliques de forme appropriée, placées dans les pièces à chauffer.

3º *Des tuyauteries* métalliques allant de la chaudière aux radiateurs et des radiateurs à la chaudière.

Chauffage central
par la vapeur à basse pression.
(voir figure 1)

Ce mode de chauffage utilise de la vapeur à très faible pression, 0 kgr. 300 *au maximum*, c'est-à-dire une pression capable d'équilibrer une colonne d'eau de 3 mètres de hauteur ; il n'y a *donc aucun danger dans son emploi.*

Chaleur latente de vaporisation. — Avant de commencer la description de ce système, nous croyons devoir rappeler à nos lecteurs ce qu'est la chaleur latente de vaporisation dont il fait usage.

Lorsqu'on fait chauffer de l'eau dans un récipient, la température de cette eau s'élève jusqu'à 100 degrés, *puis reste stationnaire* alors que le foyer continue à fournir de la chaleur, ensuite la vapeur se forme et se dégage.

Pourquoi cet arrêt s'est-il produit dans l'ascension du thermomètre ?

C'est que la transformation de l'eau à 100º en vapeur à 100º a absorbé pour son travail une quantité

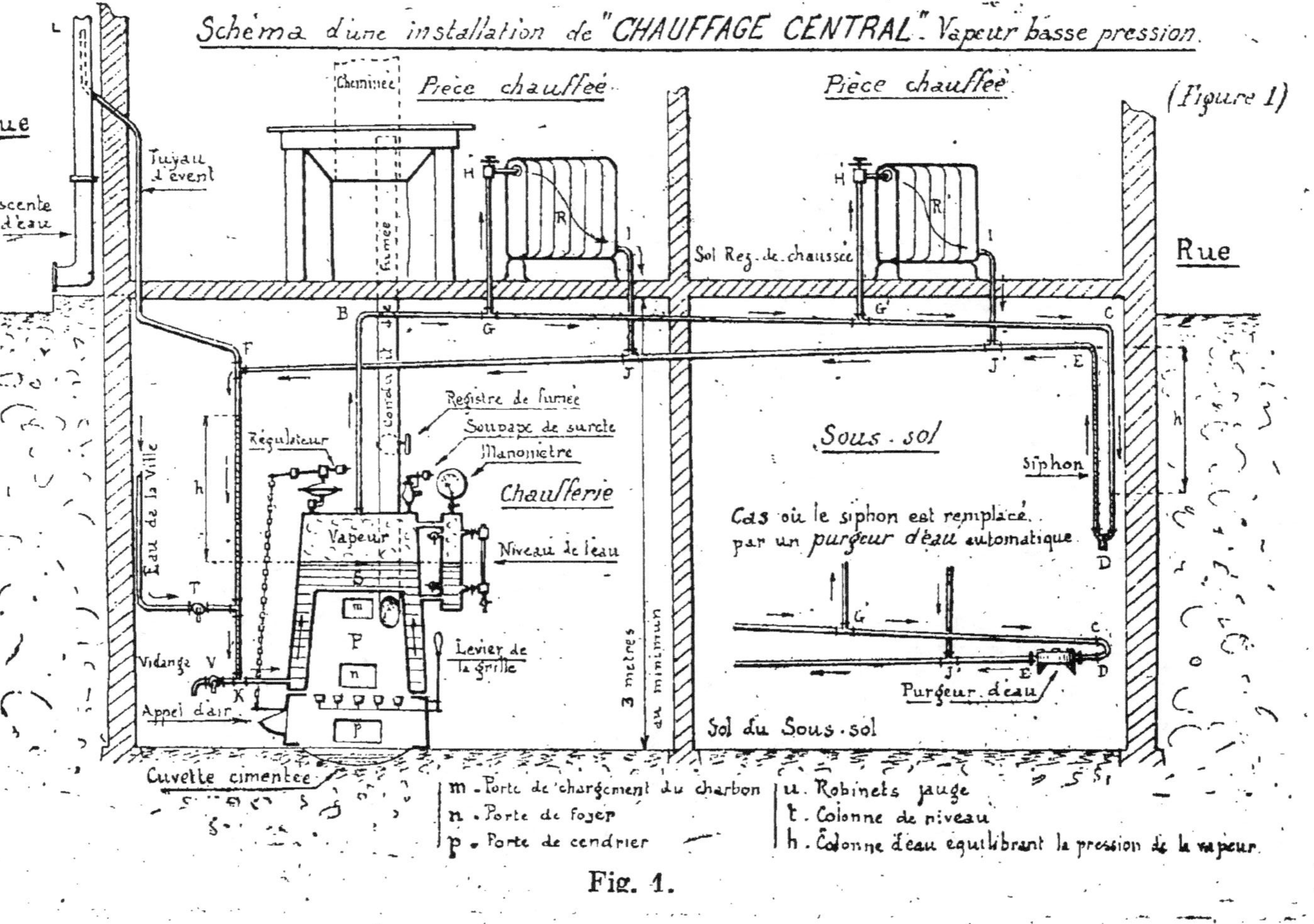

Schéma d'une installation de "CHAUFFAGE CENTRAL". Vapeur basse pression.
(Figure 1)
Rue
Rue
Cheminée
Pièce chauffée
Pièce chauffée
Tuyau d'évent
Descente d'eau
Sol Rez-de-chaussée
R
R
H
H
I
I
B
F
G
G
C
J
J'
E
Fumée
Registre de fumée
Soupape de sureté
Manomètre
Chaufferie
Régulateur
Sous-sol
Siphon
Cas où le siphon est remplacé
par un purgeur d'eau automatique
Eau de la Ville
h
Vapeur
Niveau de l'eau
D
T
m
P
n
Levier de la grille
Vidange V
X
G
C
Appel d'air
P
J
E
D
3 mètres au minimum
Purgeur d'eau
Sol du Sous-sol
Cuvette cimentée
m - Porte de chargement du charbon
n - Porte de foyer
p - Porte de cendrier
u - Robinets jauge
t - Colonne de niveau
h - Colonne d'eau équilibrant la pression de la vapeur
Fig. 1.

de chaleur qui n'a pas été enregistrée par le thermomètre, mais qui n'est pas perdue, qui se trouve
en dépôt, et qui, lorsque nous condenserons cette
vapeur pour la faire revenir eau, sera remise en
liberté et pourra être utilisée.

Cette quantité de chaleur accaparée par la vapeur se nomme *chaleur latente de vaporisation* et
c'est sa récupération qui assure le chauffage dans le
système qui nous occupe.

Description. — Un récipient *fermé* S (ou *chaudière*) contenant de l'eau jusqu'à une certaine hauteur, possède une capacité P dans laquelle on peut
faire brûler un combustible.

Sous l'action du feu, l'eau s'échauffe, la vapeur
se forme, remplit la partie supérieure du récipient
et comme le combustible envoie toujours sa chaleur, la vapeur continue à se dégager ; ses molé-
cules se pressent les unes contre les autres et éta-
blissent une pression dans l'appareil .

Dès que cette pression peut vaincre celle de l'atmosphère avec laquelle communique indirectement
en L le récipient S, la vapeur monte dans le conduit ABC, gagne les tuyaux GH et G′H′ et se
répand dans des boîtes métalliques RR′ appelées
radiateurs, placées dans les pièces à chauffer.

L'air des salles vient lécher extérieurement ces
boîtes, les refroidit, en s'emparant de la chaleur
mise en liberté par la condensation de la vapeur ;
celle-ci reprenant son état primitif, s'alourdit et
redevient eau.

Sous l'action de son propre poids, cette eau descend vers la chaudière par un nouveau groupe de tuyau IJ, I'J', est revaporisée et les mêmes phases se produisent.

Les tuyaux étant comme les radiateurs, en contact avec l'air froid des salles à chauffer, une petite quantité de vapeur s'y condense pendant son parcours jusqu'aux radiateurs, et pour éviter que l'eau ainsi produite ne vienne contrarier l'écoulement de la vapeur, il est nécessaire d'observer, dans le montage des tuyauteries, des *pentes douces* dans le sens de celles du dessin, faute de quoi des coups d'eau, énervants par leur répétition, ne manqueraient pas de se produire.

La pression de la vapeur dans la chaudière est équilibrée dans le tuyau de retour FK par une colonne d'eau h, le point F, qui doit se trouver au-dessus de cette colonne, est donc obligatoirement placé à une distance assez grande de la base de la chaudière.

D'où *la nécessité, dans le chauffage à vapeur, de mettre la chaudière sur un sol situé au moins à 3 mètres au-dessous du niveau du radiateur le plus bas.*

Nous voyons que, dans certains cas, il sera impossible d'adopter ce système.

Le tuyau KF se prolonge en L et communique avec l'atmosphère, ceci afin de permettre des rentrées d'air dans les radiateurs, et d'éviter qu'à la fermeture des robinets de ces appareils pleins de vapeur, la condensation de cette dernière n'occasionne un vide partiel, suffisant pour aspirer l'eau de la chaudière, mettant ainsi ses parois à nu au contact du feu qui les détériorerait rapidement.

En CDE se trouve ce qu'on appelle *un siphon*, ce double coude se remplit d'eau condensée qui s'écoule à la chaudière par une branche DE au fur et à mesure de sa formation ; la colonne d'eau de l'autre branche CD est équilibrée par la pression h de la vapeur et empêche celle-ci de se rendre directement dans le tuyau EF et ensuite par L dans l'atmosphère.

Quand on se trouve dans l'impossibilité de placer un siphon à cause de la hauteur qu'il nécessite, on emploie un *purgeur d'eau automatique* (voir page 42).

En H et H' sont placés des robinets de réglage pour les radiateurs.

En T, un robinet d'introduction d'eau dans la chaudière.

En V, un robinet pour pouvoir la vider quand il y a lieu.

En *m*, une porte pour le chargement de la chaudière, en combustible.

En *n*, une porte pour l'allumage du feu.

En *p*, une porte pour l'enlèvement des cendres.

En *t*, un cylindre creux, en fonte, appelé *bouteille de niveau*, communiquant avec la chaudière par le haut et le bas. Sur sa surface se placent le *tube de verre* permettant de voir la hauteur de l'eau dans la chaudière et des robinets dits *robinets-jauge* destinés à contrôler le niveau de l'eau, le tube de verre venant à manquer.

Il existe aussi sur la chaudière un *manomètre* indiquant la pression de la vapeur ; une *soupapede sûreté* qui laisse échapper la vapeur à l'extérieur, quand la pression monte au delà des limites que l'on s'est imposé ; un *régulateur de combustion* qui reçoit les variations de la pression et les transmet par l'intermédiaire d'une chaîne à une porte d'appel d'air, réglant ainsi automatiquement l'activité du feu.

Nous pouvons remarquer que la dépense d'eau dans ce système est *insignifiante* puisque c'est toujours la même qui est revaporisée.

Chauffage central par l'eau chaude.
(voir figure 2)

Dans ce système, l'installation est complètement remplie d'eau, chaudière, tuyaux et radiateurs R, R' et R''.

L'eau chauffée *en un point de son parcours* P, devient plus légère, un déséquilibre se produit aussitôt entre les colonnes d'eau *encore froide* et celle chaude AB, et une circulation commence entraînant par les tuyaux FG, F'G' et F''G'' l'eau chaude vers les radiateurs R, R' et R''.

Ceux-ci, constamment refroidis extérieurement par l'air des pièces, accaparent la chaleur de l'eau qui, devenant plus lourde, descend dans la chaudière par d'autres tuyaux HH'H'', est réchauffée, et le cycle se continue.

Avec ce système, il n'est pas nécessaire de mettre la chaudière en contrebas des radiateurs ; elle peut se placer au même niveau qu'eux.

Cette qualité, précieuse pour le chauffage d'appartement, fait que les deux méthodes, vapeur et

Schéma d'une installation de
"CHAUFFAGE CENTRAL" _ Eau chaude.
(Figure 2.)
Vase d'expansion
Tuyau d'évent
Pièce chauffée (1er Étage)
Purgeur d'air
Thermomètre
Régulateur
Conduit de fumée
Registre de fumée
Pièce chauffée (Rez. de chaussée)
Pièce chauffée (Rez de chaussée)
Conduite d'eau
Levier de la grille
Appel d'air
Cuvette cimentée
PRINCIPES, DESCRIPTIONS
19

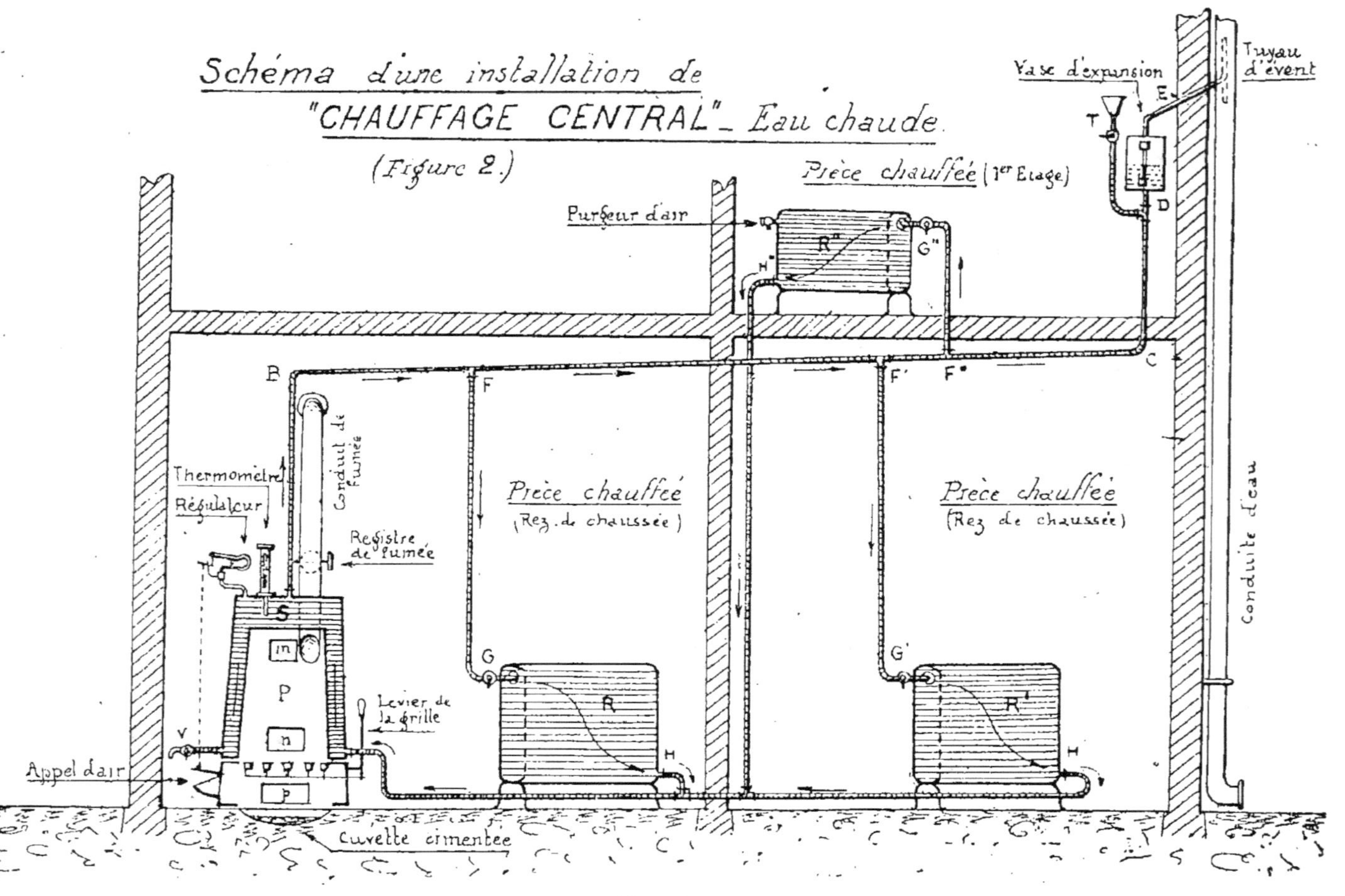

Fig. 2.

eau chaude, se complètent et peuvent répondre à tous les cas que l'on aura à envisager,.

En *m*, *n* et *p*, des portes identiques à celle du système vapeur.

En G, G' et G'' se trouvent des robinets de réglage pour les radiateurs.

En T, un robinet d'alimentation pour maintenir le plein d'eau de l'installation ; *sa manœuvre sera très rare*, puisque, dans ce système aussi, c'est toujours la même eau qui sert.

En V, un robinet pour vider d'eau.

En V, un robinet pour vider l'eau de l'installation quand il y a lieu.

En D, à la partie supérieure de la tuyauterie et des radiateurs, est placé un petit réservoir nommé *vase d'expansion* ; il est fermé et communique avec l'air extérieur par un tuyau E.

Ce vase, généralement en tôle galvanisée, *ne doit jamais être plein*, il possède un tube de verre extérieur qui permet de se rendre compte du niveau de l'eau dans l'installation.

Le but du vase d'expansion est d'offrir une capacité libre à la dilatation de l'eau quand elle s'échauffe. Celle-ci, en passant de 4° à 100°, augmente en effet son volume de 1/20.

Risques de gelée. — Les organes de ce genre de chauffage étant pleins d'eau, il en résulte l'obligation, lors d'une absence de quelque durée pendant l'hiver, si on n'entretient pas la combustion, de vider l'eau de l'installation et de refaire le plein au retour, avant l'allumage.

Ce léger inconvénient *n'existe pas* avec le chauffage à vapeur ; en effet, l'eau en se vaporisant ayant augmenté considérablement son volume, il s'ensuit que la condensation de cette vapeur ne produira qu'une quantité d'eau très faible, et que les tuyaux de retour à la chaudière n'en seront jamais pleins ; la gelée ne pourra donc y produire ses effets.

Emploi particulier
de chacun de ces chauffages.

Le système à vapeur, plus souple, plus rapide que celui à eau chaude, trouve son application forcée quand l'installation a une grande étendue ; au-dessus de *cent mètres* d'extension horizontale, la chaudière étant supposée placée au milieu, le chauffage à eau chaude nécessite de trop gros tuyaux et n'est plus intéressant ; il doit céder sa place à la vapeur.

Par contre, lorsqu'on ne dispose pas d'un local de *trois mètres* environ en contrebas du radiateur le moins élevé, l'eau chaude est seule employable.

On remédie parfois à ce défaut en creusant le sol à l'emplacement de la chaudière.

Dans le cas général, où le choix entre les deux systèmes est possible, on peut le déterminer par une troisième considération.

La température de la vapeur étant de 100°, celle de l'eau dans le chauffage à eau chaude de 80° en moyenne, il s'ensuit que le rendement des radiateurs est plus élevé dans le premier cas que dans le second et que les radiateurs à vapeur sont *moins volumineux* que ceux à eau chaude. Il en est respectivement de même de leurs tuyauteries. Le sens esthétique entrera donc ici en ligne de compte au point de vue du choix à faire.

Enfin la question pécuniaire doit aussi être examinée. L'installation d'un chauffage à vapeur *coûte* 15 *à* 20 *p.* 100 *meilleur marché* qu'un chauffage à eau chaude, mais sa dépense en charbon par la suite est *supérieure de* 10 *p.* 100 *environ*.

Dernière remarque pour les personnes délicates : le chauffage à vapeur, à cause de sa température plus élevée (100°), est *un peu moins doux* que celui à eau chaude.

RÉSUMÉ

CARACTÉRISTIQUES DE CES CHAUFFAGES

Vapeur à basse pression.	Eau chaude.
Chaudière forcément en contrebas des radiateurs.	Chaudière pouvant être placée au même niveau que les radiateurs.
Circulation vive de la vapeur.	Circulation plus lente de l'eau.
Mise en marche et arrêts rapides.	Mise en marche et arrêts moins souples.
Radiateurs et tuyauterie de dimensions moindres.	Radiateurs et tuyauteries plus volumineux.
Frais d'installation moins grands.	Frais d'installation plus onéreux de 15 à 20 p. 100.
Dépense de combustible plus élevée.	Dépense de combustible moindre de 10 p. 100.
Chaleur produite moins douce.	Chaleur très douce.
Aucun risque de gelée.	Nécessité de vider l'eau de l'installation lors d'une absence, l'hiver.

Avantages multiples
de ces méthodes de chauffage.

De la température peu élevée des fluides, vapeur et eau chaude, qui cèdent leur calorique, et de l'utilisation d'un foyer unique, éloigné des pièces chauffées, découlent les nombreux avantages communs à ces systèmes :

1º **Température égale** en toutes les parties des pièces chauffées, cela sans aucun courant d'air, la transmission de la chaleur se faisant sur une *grande surface* (radiateurs) par convection et par radiation.

La convection est le phénomène qui se produit lorsque l'air des pièces venant lécher les parois chaudes des radiateurs s'empare de leur calorique, devient plus léger et s'élève, cédant sa place à de l'air plus froid qui s'échauffe à son tour.

Donc, à l'intérieur des radiateurs, circulation de la vapeur ou de l'eau, et à l'extérieur, circulation de l'air.

2º **Composition chimique de l'air toujours semblable,** les températures de l'eau et de la vapeur n'étant pas suffisantes pour dessécher l'air, on n'éprouve jamais cette gêne de la respiration, si fréquente avec les autres méthodes ; de plus, les dégagements d'oxyde de carbone sont supprimés radicalement, puisque aucune communication ne peut exister entre les pièces chauffées et l'unique foyer.

3º **Réglage d'un seul foyer** permettant d'y pporter tous ses soins et d'en rendre par suite la combustion économique ; de supprimer totalement la poussière dans les pièces, aucun feu n'étant plus à y entretenir.

Ce fait, à lui seul, permet une économie très sensible de tapisserie, de mobilier et de personnel domestique.

4° Elimination complète des causes d'incendie. Un foyer unique a permis, en effet, d'adopter pour ces installations des chaudières parfaitement étudiées, s'adaptant merveilleusement au local, généralement embarrassé, pour lesquels elles ont été construites. Le foyer se trouve isolé de l'extérieur par une double chemise métallique entre lesquelles circule l'eau à réchauffer ; outre qu'on a ainsi augmenté considérablement le rendement utile de ces appareils, on a annulé complètement toute raison sérieuse de voir se surchauffer l'entourage de la chaudière.

La cheminée étant aussi *unique*, son entretien peut être parfait à peu de frais et, là encore, on trouve toute sécurité.

Ces méthodes de chauffage sont donc susceptibles de donner pleine satisfaction au quadruple point de vue :

de l'hygiène,

du confort,

de la simplicité de fonctionnement

et de l'économie réalisée.

RENSEIGNEMENTS DONT IL FAUT S'ENTOURER
AVANT DE PRENDRE UNE DÉCISION.

Mais... il y a un mais, pour que ces nombreux avantages existent réellement, il faut que les installations soient faites suivant les règles de l'art, par des hommes du métier, connaissant bien leur affaire, sous peine de voir se changer en autant de défauts les qualités précitées.

Il faut donc que nos lecteurs soient à même de se rendre compte de ce que leur installation possède d'anormal, si, créée déjà, elle leur donne des déboires.

Il faut encore qu'ils puissent en suivre le montage d'une façon utile, quand ils auront pris une décision favorable.

Ils doivent enfin être à même de dresser succinctement un avant-projet qui leur premettra de voir si les ressources dont ils disposent sont suffisantes pour en envisager l'application.

En résumé,

Il existe des méthodes de chauffage parfaites :

Vapeur basse pression. Eau chaude. — Ces méthodes demandent à être appliquées suivant certaines règles strictes, en dehors desquelles les résultats sont mauvais.

Il ne faut pas trop lésiner sur la dépense initiale vraiment nécessaire.

Il ne faut s'adresser qu'à des constructeurs sérieux, capables de fournir des *références contrôlables.*

Il faut connaître les points principaux de la question chauffage, et pouvoir discuter son installation avec les constructeurs.

Notre but est d'éclairer ces divers points.

DEUXIÈME PARTIE

DE LA DÉPENSE A ENVISAGER

CALCUL RAPIDE A L'USAGE DE TOUS
DES DIVERS ÉLÉMENTS D'UN CHAUFFAGE CENTRAL.

Pour pouvoir établir ce calcul, plusieurs données sont nécessaires :

1º Avons-nous un local de 3 mètres en contrebas du radiateur le moins élevé ?

Si *oui*, nous avons le choix entre la vapeur et l'eau chaude.

Si *non*, il faut forcément adopter l'eau chaude.

2º Combien voulons-nous chauffer de pièces ?

Il est recommandable de *les chauffer toutes*, sauf la cuisine, l'appareil de chauffage (cuisinière) qui lui est spécial, étant généralement suffisant.

D'ailleurs, les pièces non chauffées refroidissent davantage celles environnantes, on se trouve donc fatalement amené à de plus grandes proportions pour les radiateurs de celles-ci ; et l'économie réalisée, en ne prévoyant pas le chauffage de quelques pièces peu occupées, est ainsi *plus apparente que réelle*.

Un radiateur suffit pour chaque pièce de dimensions normales ; nous ferons observer toutefois que les vérandah avec cloisons et plafond vitrés demandent une quantité de chaleur beaucoup plus importante que les pièces ordinaires.

3º Quelle est la température la plus basse qui règne généralement l'hiver dans la contrée ?

Réponse à cette question est faite par le tableau ci-dessous auquel le lecteur voudra bien se référer.

4º Quelle température devons-nous maintenir dans les pièces chauffées ?

Le tableau (page 29) nous renseignera à ce sujet ; suivant l'état de santé des habitants, on pourra majorer de 1 ou 2 degrés ces températures qui sont cependant largement suffisantes pour la pratique.

5º Quelle est la perte de calories de chaque pièce chauffée ?

L'article, page 29, nous initiera d'une façon très complète, sur la manière de procéder à ce calcul.

Températures extrêmes
pendant l'hiver suivant les régions.

Les installations de chauffages se calculent toujours en vue du cas le plus défavorable, c'est-à-dire qu'elles doivent pouvoir parer aux froids les plus vifs ; il est d'usage de compter, dans les calculs qui vont suivre, sur les températures extrêmes ci-dessous :

Nord de la France 10 degrés au-dessous de zéro.
Est   —   7 —   —   —
Ouest   —   3 —   —   —
Sud   —   0 degré —   —
Centre et Région de Paris 5 degrés au-dessous de zéro.

Régions voisines des montagnes, quelle que soit l'orientation .. } 9 ou 10 degrés au-dessous de zéro.

Température
à maintenir dans les pièces chauffées.

20º dans les salles de bains.
18º dans les bureaux, salons, cabinets de toilette.
16º dans les salles à manger.
15º dans les chambres à coucher.
14º dans les ateliers.
12º dans les couloirs, vestibules.

Calcul facile des calories de déperdition.

Afin d'avoir une *base sérieuse* pour apprécier le coût d'une installation de chauffage, il est nécessaire de connaître la quantité de chaleur qui devra être apportée dans chaque pièce pour remplacer celle perdue par la perméabilité des différentes parois qui limitent ces pièces : murs, fenêtres, portes, etc., ainsi que par le renouvellement de l'air qui s'opère à notre insu, par les joints des portes, fenêtres, et lors de leur ouverture.

Nous ferons pour cela usage d'opérations simples, à la portée de tout le monde, *un mètre, l'usage des quatre règles*, et *un peu de méthode* nous suffiront.

Le résultat de nos investigations nous donnera un nombre de calories, expression qui ne doit pas effrayer nos lecteurs, puisque : la Calorie est tout simplement la quantité de chaleur qui doit être fournie à un litre d'eau pour qu'un thermomètre plongé dans cette eau monte de 1 degré.

Nous considérerons chacune des pièces à chauffer comme si elle était seule.

Pour chacune d'elle, nous ferons les opérations suivantes :

1º Nous calculerons la *surface totale* (longueur multipliée par hauteur) des ouvertures, portes,

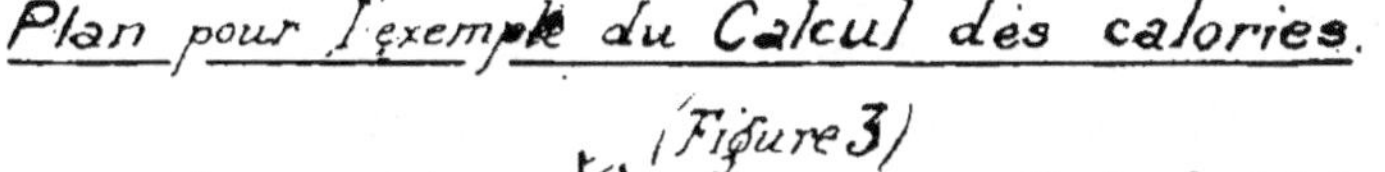

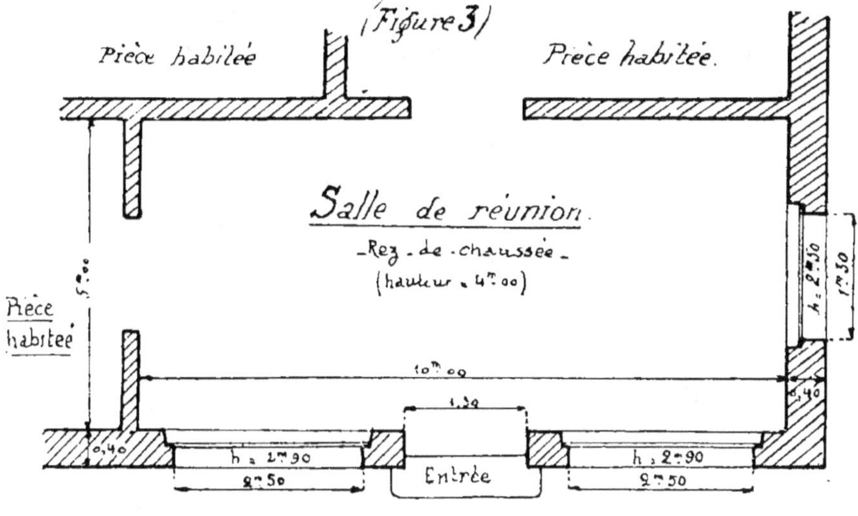

Fig. 3.

fenêtres, *en contact avec l'air extérieur seulement.*

Nous appellerons cette surface totale A.

2º Nous chercherons de même, la *surface totale* (longueur multipliée par hauteur) des murs ou cloisons *en contact avec l'air extérieur seulement* ; de cette surface totale nous retrancherons la surface A, et nous appellerons B *la différence trouvée.*

3º Enfin, nous calculerons le volume de la pièce (longueur multipliée par la largeur, le produit multiplié par la hauteur). Nous appellerons C *le résul-*

tat et nous aurons fini avec les mesures à prendre pour cette pièce.

Donc, trois séries de mesures :

1º La surface des ouvertures sur l'extérieur ;

2º La surface des murs sur l'extérieur ;

3º Le volume de la pièce.

NOTA. — On ne tient pas compte de la surface des planchers et plafond, à moins qu'on ait affaire à une vérandah ou à un plafond vitré ; dans ce cas, on fait entrer toute la partie vitrée dans la surface A.

Il nous reste à multiplier les nombres ABC par ce que les savants appellent des *coefficients*, et nous aurons notre déperdition de chaleur en calories, donc :

4º Multiplions le nombre A par 5 et appelons D le produit.

5º Multiplions B par :

    1,2 si les murs ont plus de 22 centimètres d'épaisseur,

ou 2,2 si les murs ont moins de 22 centimètres d'épaisseur,

et appelons E le résultat obtenu suivant le cas.

6º Multiplions C par :

    0,3 si la pièce considérée est en étage,

ou 0,6 si elle est à rez-de-chaussée,

ou 0,9 si, en étage ou rez-de-chaussée, elle a une ouverture d'entrée fréquente sur l'extérieur, cour, rue, jardin, balcon.

ou 1,2 lorsque dans le cas précédent elle est de plus à usage de salle de réunion, café, etc.,

nous appellerons F le produit obtenu suivant le cas.

7º Faisons la somme des nombres DEF et appelons-la G.

8º Enfin multiplions G par la somme des températures intérieure et extérieure adoptées et le résultat sera *le nombre de calories cherché.*

Nous ferons de même pour chacune des pièces à chauffer.

Une application fera mieux comprendre ces quelques calculs qui, avec un peu de persévérance se font très rapidement.

Exemple : Soit à chauffer une salle de réunion aux dimensions du plan (fig. 3), nous voulons y maintenir 15 degrés par 7 degrés au-dessous de zéro.

En tenant compte que deux des murs seulement donnent sur la rue, soit l'extérieur, que ces murs comportent trois fenêtres et une porte, qu'ils ont 40 centimètres d'épaisseur ; les opérations à faire sont les suivantes :

$$1º \quad 2 \text{ fenêtres de } 2^m50 \times 2^m90 = 14^{m2}50$$
$$1 \quad - \quad 1^m30 \times 2^m50 = 3^{m2}25$$
$$1 \text{ porte de } \quad 1^m30 \times 3^m00 = 3^{m2}90$$
$$\text{Total} \ldots\ldots\ldots\ldots\ldots 21^{m2}65 \text{ ou } \mathbf{A}$$

$$2º \ 1 \text{ mur de } \quad 10^m \times 40^m = 40^{m2}$$
$$1 \quad - \quad 5^m \times 4^m = 20^{m2}$$
$$\text{Total} \ldots\ldots\ldots\ldots 60^{m2}$$
$$\text{A en retrancher } \mathbf{A} \text{ ou } \quad 21^{m2}65$$
$$\text{Différence}. \quad 38^{m2}35 \text{ ou } \mathbf{B}$$

3º Volume de la pièce :
$$10^m \times 5 = 50^{m2}$$
$$50^m \times 4 = 200 \text{ mètres cubes ou } \mathbf{C}$$

4° **A** ou $21^{m2}65 \times 5 \ = 108{,}25$ ou **D**
5° **B** ou $38^{m2}35 \times 1{,}2 = \ 45{,}90$ ou **E**
6° **C** ou 200 $\quad \times 1{,}2 = 240 \quad$ ou **F**
7° **D** + **E** + **F** égalent. $\overline{394{,}15}$ ou **G**
8° **G** ou $394{,}15 \times (15° + 7°$ ou $22) = 8.671$.

Le résultat cherché est donc 8.671 *calories.*

Ce nombre de calories sera à fournir à la pièce toutes les heures, par les froids les plus vifs, soit quelques jours seulement par hiver ; le reste du temps, il en faudra beaucoup moins, ainsi que nous le verrons. dans l'appréciation de la dépense de charbon.

Les calculs ci-dessus, faits pour chacune des pièces à chauffer, nous additionnerons les nombres de calories trouvés.

Exemple. — Si par la méthode précédente, nous avons obtenu pour *cinq* pièces à chauffer les nombres de calories suivants :

$$2.460$$
$$3.210$$
$$2.890$$
$$912$$
$$\underline{1.053}$$

leur somme sera 10.525 calories, chiffre qui va nous permettre d'apprécier :

1° Le coût de l'installation ;
2° L'importance de la chaudière ;
3° La surface des radiateurs ;
4° La dépense en charbon ;
5° Les frais annuels d'entretien.

Coût de l'installation.

Le tableau ci-dessous auquel nous allons nous référer est le résultat des nombreuses études et des comparaisons faites par l'auteur ; ses éléments peuvent varier dans une certaine mesure suivant l'étendue des tuyauteries, mais pour l'usage auquel nous le destinons, il donnera des chiffres suffisamment près de la vérité.

Importance en calories de l'installation	Prix des 1.000 calories	
	Vapeur	Eau chaude
Jusqu'à 10.000 calories	525 fr.	630 fr.
De 10.000 à 15.000 calories	500 »	600 »
De 15.000 à 20.000 calories	450 »	540 »
Au-dessus de 20.000 calories	400 »	480 »

Dans l'exemple pris plus haut, une installation de chauffage à vapeur reviendrait à :

$$10.525 \times 500 = 5.265 \text{ francs} ;$$

une installation à eau chaude à :

$$10.525 \times 600 = 6.315 \text{ francs}.$$

A ces sommes, il faudra *ajouter* 5 *p.* 100 pour frais divers se rapportant à des corps de métier autres que celui de constructeur de chauffage, ainsi :

Une cuvette cimentée à établir sous le cendrier de la chaudière afin de pouvoir y maintenir un peu d'eau, et de protéger les barreaux de grille contre l'ardeur du foyer (voir fig. 1 et 2).

Le raccordement en tôle de la chaudière avec le conduit de fumée en maçonnerie.

Les quelques réparations de plâtrerie, menuiserie, peinture occasionnées par le montage des tuyaux.

Les chiffres de 5.265 et 6.315 deviendront donc :

Chauffage à *vapeur*........ 5.265 + 265 = 5.530 »
Chauffage à *eau chaude* . 6.315 + 320 = 6.635 »

Il est bien entendu que tout ce que nous venons de dire ne doit pas faire obstacle au sens commercial de nos lecteurs et qu'ils s'efforceront toujours d'obtenir leur installation au meilleur marché vraiment possible.

Importance de la chaudière.

Elle s'exprime en *mètres carrés de surface de chauffe*, ce renseignement est toujours donné par le fabricant.

Dans l'exemple que nous avons choisi plus haut, le nombre de calories que nous avons à fournir aux pièces est de 10.525, la chaudière devra pouvoir être en mesure d'y faire face. On ajoute même 15 p. 100 à ce nombre, soit :

$$10.525 + 1.579 = \mathbf{12.104 \text{ calories}}$$

pour parer aux pertes de chaleur qui se produisent par les tuyauteries à leur passage dans les pièces non chauffées.

1 *mètre carré* de surface de chauffe de chaudière transmet en moyenne 11.000 *calories*.

Pour assurer les 12.104 calories dont nous avons

besoin, le constructeur devra donc fournir un appareil d'une surface de chauffe de :

$$\frac{12.104}{11.000} = 1^{m2}10.$$

Il faudra avoir soin de *se faire expliquer* et *contrôler* s'il y a lieu, les raisons de meilleur rendement de la chaudière qu'on pourrait vous proposer avec une surface moindre.

Les chaudières de chauffage se construisent en fonte ou en acier ; les premières ont l'avantage d'être moins chères, mais, en cas d'avarie, elles sont moins facilement réparables.

Surfaces des radiateurs.

Ces appareils se trouvent dans le commerce en différentes hauteurs et largeurs (voir fig. 4).

Ils se composent de sections métalliques creuses, aplaties, divisées en plusieurs compartiments d'où la désignation : simple, double et triple qu'on leur donne.

Ces dispositions permettent d'obtenir une très grande surface en contact avec l'air des pièces, sous un volume réduit.

On réunit un certain nombre de sections et le radiateur est formé.

On devra exiger que les radiateurs soient à *double connexion*, c'est-à-dire que les sections communiqueront entre elles par la partie inférieure et celle supérieure ; le bon fonctionnement de ces appareils est ainsi mieux assuré.

Un mètre carré de surface de radiateur permet

dans le chauffage à vapeur la cession de 700 *calories* à l'air des pièces à chauffer.

Dans le chauffage à eau chaude 500 *calories* seulement.

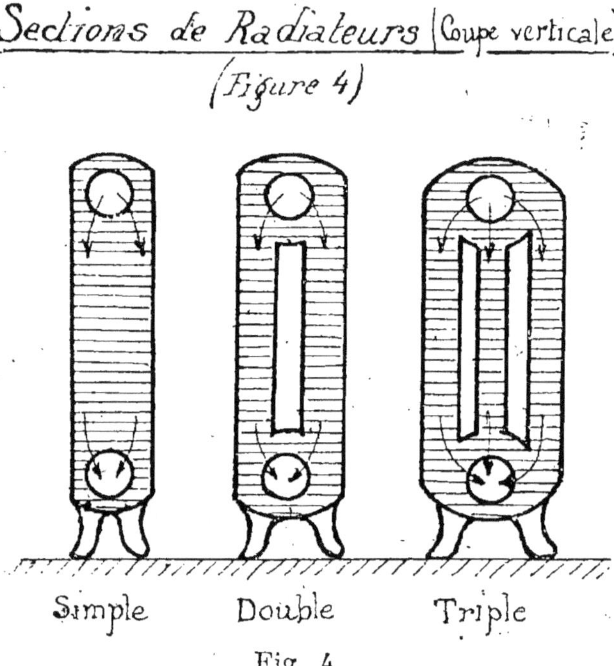

Fig. 4.

Pour chauffer les cinq pièces ci-dessus, il nous faudra donc des radiateurs aux surfaces suivantes :

Calories par pièce	Surface des radiateurs	
	Si l'installation est à vapeur	Si l'installation est à eau chaude
2.460	3,51	4,92
3.210	4,58	6,42
2.890	4,31	5,78
912	1,30	1,82
1.253	1,79	2,51

Dans le cas de vapeur, il nous a suffi de diviser les chiffres de calories *par* 700.

Dans le cas de l'eau chaude, les mêmes nombres ont été divisés *par* 500.

Il en résulte que, ainsi que nous l'avons expliqué page 21, les radiateurs à eau chaude sont plus encombrants que ceux à vapeur.

Il y aura lieu de se faire indiquer par le constructeurs les surfaces qu'il prévoit pour ses radiateurs et de juger si elles sont conformes à celles obtenues par le calcul ci-dessus.

NOTA. — Au-dessus de 8 mètres carrés de surface, il est préférable de placer deux appareils dans les pièces, cela à cause de leur encombrement et de la difficulté de leur maniement.

Dépense de charbon par jour et par hiver

Un kilogramme de bon charbon anthracite met à notre disposition dans le cas de chauffage à vapeur 4.500 *calories environ.*

Pour obtenir les 12.104 calories dont nous avons besoin, il faudra donc brûler :

$$\frac{12.104}{4.500} = \textbf{2 kgr. 690 de charbon}$$

cela par heure, pendant les plus grands froids : en temps ordinaire, la moitié de cette quantité soit 1 kgr. 345 suffira.

Si nous faisons usage du *chauffage continu*, c'est-à-dire si nous entretenons le feu pendant la nuit, ce qui est *le plus recommandable* et assure de la meilleure façon le maximum de bien-être, la dépense journalière de combustible sera de :

$$1 \text{ kgr. } 345 \times 24 = \textbf{32 kgr. 280}$$

cela pour rendre *également habitable jour et nuit,* cinq pièces d'un immeuble.

Si nous comptons l'hiver de six mois, soit cent quatre-vingts jours, nous brûlerons au total pour un chauffage à vapeur :

$$32 \text{ kgr. } 280 \times 180 = \textbf{5.810 kilos}$$

et pour un chauffage à eau chaude, 10 p. 100 de moins, soit :

$$5.810 - 581 = \textbf{5.229 kilos.}$$

Afin de permettre à nos lecteurs d'apprécier pécuniairement cette dépense de combustible suivant le charbon choisi, nous leur indiquons ci-dessous le cours aux 1.000 kilogrammes des principales sortes commerciales :

Gailleterie	les 1.000 kilos	228 fr.
Gailletins............	—	308 —
Têtes de moineaux ...	—	318 —
Anthracite 1er choix ...	—	338 —
Braisette lavée	—	215 —
Briquette lignite	—	168 —
Boulets ovoïdes.......	—	168 —

La qualité à recommander est *l'anthracite premier choix* ; il n'encrasse pas les grilles et soutient parfaitement la combustion.

Frais d'entretien annuels.

Ces frais comprennent le nettoyage de la cheminée et les petites réparations qui peuvent y être nécessaires, le nettoyage extérieur complet de la chaudière en fin de saison, les quelques réfections de joints, le remplacement de temps en temps d'une partie de la grille du foyer et autres travaux de peu d'importance.

Le total de ces frais se monte à environ 1 p. 100 du prix de l'installation.

Dans le cas qui nous occupe, ils seraient pour un chauffage à vapeur de :

$$\frac{5.530}{100} = \text{55 francs environ}$$

pour un chauffage à eau chaude de :

$$\frac{6.635}{100} = \text{65 francs environ.}$$

TROISIÈME PARTIE

ACCESSOIRES
CONSEILS, MARCHE ÉCONOMIQUE
SOINS A PRENDRE

Robinetterie.

Chaque radiateur doit être muni d'un robinet permettant de varier les quantités de vapeur ou d'eau chaude, et par suite de chaleur, à faire passer dans l'appareil.

Les robinets doivent être à *double réglage*, c'est-à-dire qu'en plus du mouvement habituel de la clé, droite ou gauche, il en existe un deuxième de haut en bas qui, lui, sert à régler l'installation une fois pour toutes au moment des essais, en diminuant la section de passage des fluides, aux radiateurs les plus près de la chaudière, les plus avantagés.

Tuyauteries.

Les tuyauteries en fer ne doivent pas être d'un diamètre trop faible, parce qu'elles causeraient une résistance inutile à la circulation de l'eau et de la vapeur.

De plus, les tuyaux de faible diamètre, en raison

de la difficulté de leur fabrication, ne sont pas toujours parfaits et la section de passage qu'ils offrent aux fluides est quelquefois obstruée en partie : nous en avons vu bouchés complètement ; ils exigent donc, de la part des monteurs, une attention très grande.

Il sera bon, pour éviter ces aléas, de ne pas admettre, pour la circulation de la vapeur, des

Tuyauteries
Sections minima intérieures

Vapeur　　　　　Eau chaude

Fig. 5.

tuyaux inférieurs à 15 millimètres de diamètre intérieur et pour l'eau chaude à 20 millimètres.

On trouvera (fig. 5) des cercles représentant ces *sections intérieures minima*.

Dans le système à eau chaude, les raccordements des tuyaux devront toujours se faire à angle arrondi pour diminuer la résistance au passage de l'eau.

Purgeurs d'eau automatiques.

Ces appareils (fig. 6) remplacent les siphons dans les chauffages à vapeur quand la place en hauteur

est limitée ; ils ont le même but que ceux-ci, qui est
de laisser écouler l'eau condensée dans les tuyaux
et d'arrêter la vapeur.

Ils se composent d'une boîte métallique renfer-
mant un tube cintré dilatable, qui commande une
soupape.

Quand l'eau remplit la boîte, la soupage est ou-

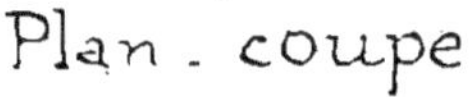

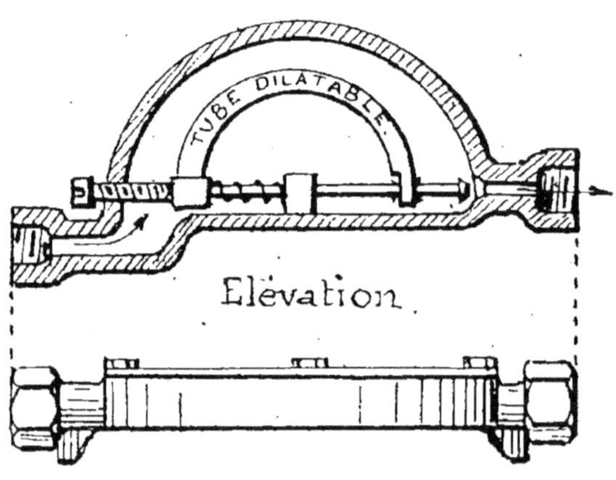

Fig. 6.

verte, l'eau s'écoule ; quand il n'y a plus d'eau, la
vapeur qui la suit arrive, échauffe le tube, le dilate
et lui fait appliquer la soupape sur l'orifice de
sortie, donc fermeture et la vapeur ne peut
s'échapper.

Dès qu'une nouvelle quantité d'eau est condensée dans les tuyaux elle arrive dans la boîte, la
remplit, refroidit le tube qui, en se contractant,
entraîne la soupape, rendant ainsi libre de nouveau
l'orifice pour la sortie de l'eau.

Vase d'expansion.

Nous avons indiqué (page 20) l'usage de ce récipient en tôle.

Il est placé généralement sur une console scellée au mur.

On devra *surveiller régulièrement* le niveau de

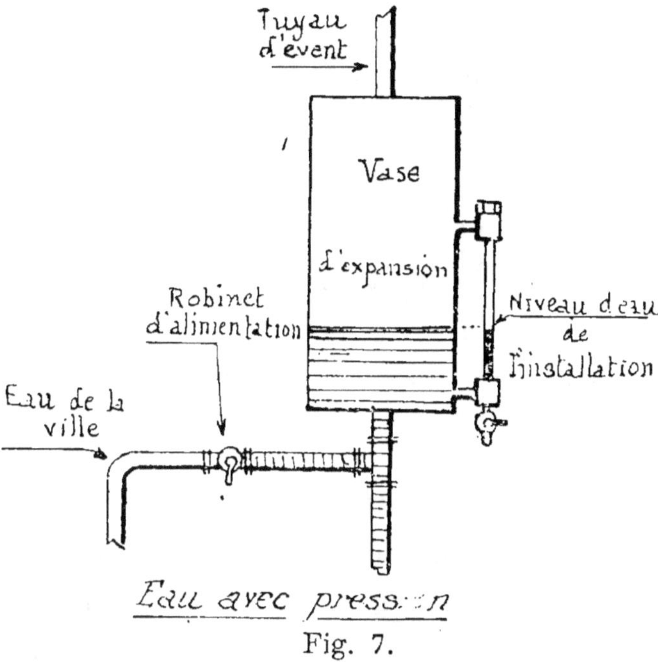

Fig. 7.

l'installation dans le tube de verre en communication avec lui.

De cette nécessité découle l'obligation de mettre le vase dans un endroit *accessible* à tout instant ; nous en avons vu placer à des hauteurs impossibles, auxquels on ne pouvait accéder qu'au prix des plus grands efforts, non sans courir quelque danger.

Le robinet d'alimentation sera installé *à proxi-*

mité du vase d'expansion (voir fig. 7 et 8) afin de pouvoir surveiller le niveau pendant qu'on manœuvrera ce robinet.

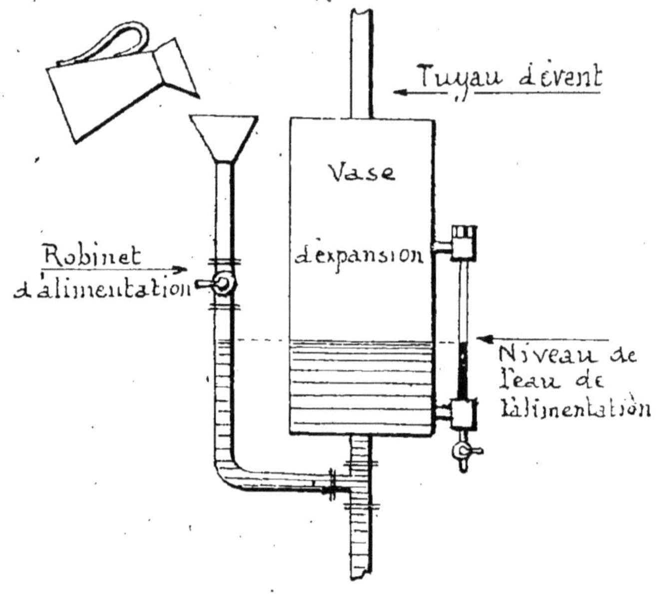

Fig. 8.

Le niveau de l'eau dans le vase d'expansion doit être maintenu *à la partie basse* du tube.

Thermomètre.

Cet accessoire de chauffage à eau chaude est *indispensable* pour une marche économique, il permet de graduer la température de l'eau de circulation suivant les variations de la température extérieure, et aussi de régler la combustion pour une température fixe, reconnue suffisante pour les observations journalières.

Pour que cet appareil (fig. 9) transmette fidèlement la température de l'eau, sa partie inférieure devra posséder un réservoir *plongeant* dans l'eau de la chaudière ; on ne pourra se contenter, comme cela se fait quelquefois, d'accoler simplement le thermomètre sur un tuyau.

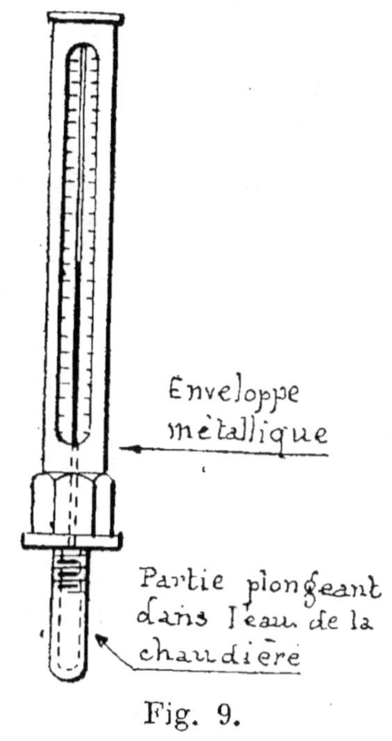

Fig. 9.

Purgeur d'air.

Dans les installations à eau chaude, quand les tuyauteries arrivent en dessous des radiateurs comme dans le cas de celui R″ (fig. 2), l'air contenu dans l'eau se confine à la partie supé-

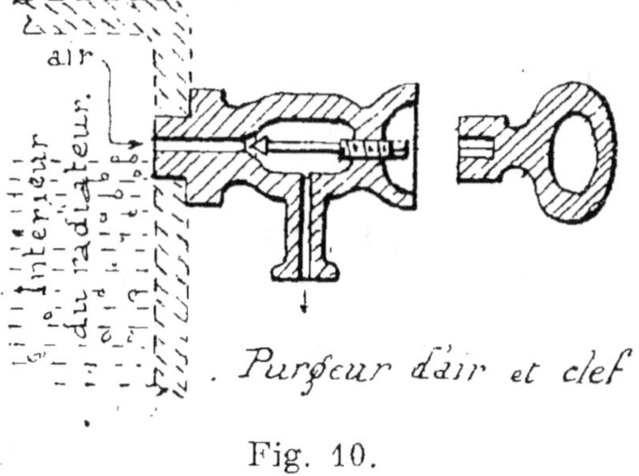

Fig. 10.

rieure des radiateurs et contrarie l'écoulement de

l'eau, il peut même l'arrêter complètement et *le radiateur ne chauffe plus.*

Il faut donc *extraire cet air* de temps à autre.

On emploie pour cela de petits appareils appelés purgeurs d'air ; ils possèdent une tige pointue que l'on dévisse avec une clé ; un sifflement annonce l'air qui sort et quand l'eau paraît, on revisse la tige.

Durée du montage.

On peut compter que le montage durera environ *trois jours par radiateur* ; dans le cas de cinq appareils que nous avons envisagé ci-dessus, il serait donc de quinze jours.

Mais la question tuyauterie jouant ici un grand rôle, suivant la facilité que l'on aura pour son montage ou sa plus ou moins grande étendue, on verra varier, dans un sens ou l'autre, ce laps de temps.

Faut-il calorifuger.

Toute dépense inutile de chaleur correspond à une augmentation des frais de combustible réellement nécessaires ; il est donc indispensable de recouvrir les tuyauteries, à leur passage dans les endroits que l'on n'a pas intérêt à chauffer, d'une enveloppe *mauvaise conductrice de la chaleur*, pour éviter leur rayonnement et par suite la perte d'une quantité de calories toujours sensible.

De même, la chaudière se trouvant le plus souvent en sous-sol, à proximité des caves à vin qu'il faut protéger d'une température trop élevée, il sera *nécessaire* de l'envelopper, c'est-à-dire *de la calorifuger*.

Les genres de calorifuge sont innombrables et varient de prix dans de très grandes proportions, suivant leur puissance non conductrice de la chaleur.

A cause de cette variété, le prix du calorifuge *n'a pas été compté* dans les sommes globales données page 35, pour le coût de l'installation.

Cette question sera à débattre avec le constructeur.

Toutefois, nous pouvons dire qu'un enduit de ciment à base d'amiante, de 3 centimètres d'épaisseur environ, appliqué à chaud, par couches successives, sur la chaudière, sera d'une protection très suffisante.

Pour les tuyauteries, on emploie souvent les matières suivantes :

Liège aggloméré.

Terre siliceuse moulée.

Bourrelet de soie.

Pour assurer leur bonne tenue sur les conduites, ces matières sont recouvertes d'une bandes de toile enroulée en spirale.

Organes indispensables
au bon fonctionnement d'un chauffage
à vapeur.

(ET DEVANT FIGURER AU DEVIS DU CONSTRUCTEUR).

Chaudière et ses accessoires : *Manomètre, Niveau d'eau, Robinets de jauge, Soupape de sûreté, Régu-*

lateur de combustion, Robinet de vidange, Robinet d'alimentation, Outils de chauffe, Grille à barreaux oscillants.

Radiateurs à double connexion (*un par pièce au moins*).

Robinets à double réglage (*un par radiateur*).

Tuyauterie d'un diamètre supérieur ou égal à 15 millimètres.

Siphons ou purgeurs d'eau automatiques.

Organes indispensables.
au bon fonctionnement d'un chauffage
à eau chaude
(ET DEVANT FIGURER AU DEVIS DU CONSTRUCTEUR).

Chaudière et ses accessoires : *Robinet de vidange,*

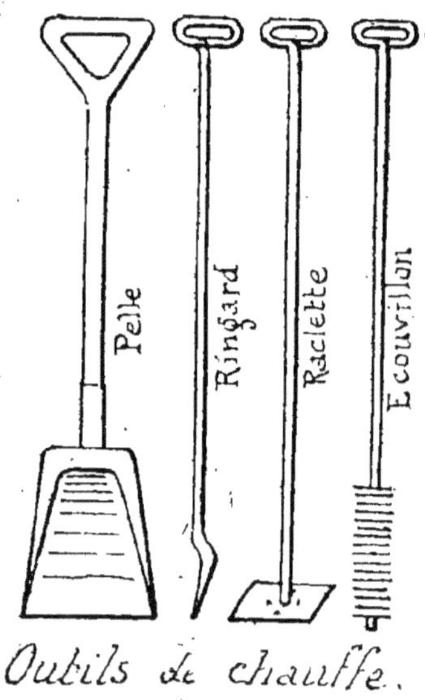

Outils de chauffe.

Fig. 11.

Robinet d'alimentation, Outils de chauffe, Grille à barreaux oscillants.

Thermomètre (*plongeant dans l'eau de la chau-dière*).

Vase d'expansion (*son tube de niveau et sa console*).

Radiateurs à double connexion (*un par pièce au moins*).

Robinets à double réglage (*un par radiateur*).

Tuyauterie d'un diamètre supérieur ou égal à 20 millimètres.

Purgeurs d'air s'il y a lieu.

Quelles indications doit contenir le devis de chauffage que vous soumettra votre constructeur ?

Ce document doit indiquer :

1º Quelle température extrême extérieure il a prévue dans ses calculs (page 28).

2º Quelle température il vous *garantit* dans les pièces chauffées (page 29).

3º La surface de chauffe de la chaudière em-ployée, sa marque de fabrique, la liste de ses acces-soires (page 35).

4º Le genre de radiateurs, leur surface de chauffe, leur emplacement (page 36).

5º Le nombre de robinets ; s'ils sont à double réglage, leur orifice ne devra pas être inférieur à celui indiqué pour les tuyauteries (page 42).

6º Dans le cas de chauffage à eau chaude : le genre de thermomètre ; le vase d'expansion, son niveau et sa console ; les purgeurs d'air nécessaires.

7º Dans le cas de chauffage à la vapeur : les siphons et purgeurs d'eau nécessaires.

8° Que les percements de cloisons, planchers, plafonds, les supports de tuyauterie et leur scellement sont bien compris.

9° Que le transport à pied d'œuvre des fournitures et du matériel, les droits d'octroi, s'il y en a, les frais de montage et d'essai d'étanchéité (ces derniers en ce qui concerne la main-d'œuvre) sont bien assurés aux frais du constructeur.

10° La durée approximative du montage.

11° Les conditions de payement. On devra se réserver comme garantie 10 p. 100 payables au 31 décembre de l'année en cours, ce qui permettra de se rendre compte, par le froid, de la bonne marche réelle de l'installation.

Vous voici maintenant, chers Lecteurs, en mesure de faire installer dans votre immeuble, avec *toutes les garanties possibles du bon fonctionnement*, un système moderne de chauffage central, soit par *la vapeur à basse pression*, soit par *l'eau chaude*.

Vous pouvez aussi reconnaître s'il vous est nécessaire au point de vue dépense, d'attendre encore.

Et enfin, pour le cas malheureux où ayant fait installer un de ces systèmes, vous n'avez pas eu satisfaction, il vous sera loisible de reconnaître :

— Si votre chaudière est insuffisante.

— Si vos radiateurs sont trop faibles et s'ils peuvent se purger de l'air qu'ils contiennent.

— Si vos robinets ont bien le réglage initial de l'installation.

— Si le devis qui vous a été remis a prévu tout ce qui était nécessaire à la bonne marche du chauffage.

Qu'il me soit permis, avant de quitter ce sujet, d'appeler encore votre attention sur les quelques points suivants :

CONSEILS IMPORTANTS.

Luttez contre la précipitation que vous pourriez avoir de choisir un constructeur, pour vous décharger rapidement des quelques soucis que l'étude de la question vous occasionnerait.

Consultez autant que possible plusieurs constructeurs, demandez des références et *contrôlez-les.*

Ne vous arrêtez pas toujours au meilleur marché, *interrogez, comparez.*

L'affaire vaut la peine d'être discutée, elle a déjà par elle-même une valeur pécuniaire respectable, de plus elle fera partie intégrante de votre immeuble ; quand elle sera installée, si elle ne vous donne pas satisfaction, elle ne pourra être retouchée qu'au prix de nouvelle dégradations.

Nous avons eu sous les yeux un exemple d'installation pour laquelle le client s'était arrêté au meilleur marché, sans prendre de renseignements et sans avoir fait *l'étude sommaire indispensable de la question chauffage.*

Cette personne se croyait suffisamment garantie par un devis qu'elle n'avait pas regardé de très près.

On procéda au montage et ce qui devait arriver

arriva, le chauffage ne donna pas satisfaction et les températures garanties dans les pièces furent loin d'être atteintes.

Le client dans ces conditions ne pouvait accepter le travail, mais le constructeur prétendit être dans son droit.

Faute d'entente, il fallut porter l'affaire devant le Tribunal, nommer un expert qui déposa, contre beaux deniers, un rapport circonstancié ; de remise en remise du jugement à huitaine, les frais courant toujours, l'hiver arriva, le client dut se priver de son chauffage et *remonter ses poêles*.

L'année suivante, une solution heureuse intervint à l'avantage du client, mais celui-ci, tout en ayant gain de cause, dut encore supporter une réfection complète de son installation et des ouvriers pendant deux mois dans son immeuble.

Donc, chers lecteurs, ne vous hâtez pas trop, entourez-vous de beaucoup de renseignements et *initiez-vous* d'une façon sommaire mais suffisante à la question chauffage central.

Conditions de bon tirage d'une cheminée.

La bonne marche d'une chaudière et, par suite, de toute l'installation, dépendant en grande partie du tirage de la cheminée, il nous paraît d'une extrême importance d'indiquer à nos lecteurs quelles sont les conditions à réaliser pour assurer une excellente évacuation des gaz de la combustion dans l'atmosphère, et par suite un appel d'air énergique sous la grille.

1º La cheminée doit être aussi droite et verticale que possible.

2º Les coudes doivent être arrondis à l'intérieur de la cheminée.

3º Elle ne doit avoir aucune fissure permettant les rentrées d'air ou les dégagements de gaz autrement que par les orifices inférieur et supérieur.

4º Elle doit se prolonger extérieurement à une hauteur supérieure à celle des toits environnants et se terminer par une mitre recouverte d'un chapeau ou par un aspirateur (appareil en tôle dont la forme combat l'action des vents et les empêche de refouler la fumée dans la cheminée). En tous cas, ces appareils, mitres ou aspirateurs, ne doivent pas rétrécir la section de la cheminée à sa partie supérieure.

5º Elle doit avoir une section suffisante : 1 décimètre carré par 10.000 calories environ, avec une *surface minimum* de 4 décimètres carrés, soit en général 0,20 × 0,20.

6º Une cheminée ne peut desservir *qu'un seul appareil* de chauffage.

7º *Principe* : Tout l'air passant dans la cheminée doit d'abord avoir traversé la couche de charbon dans le foyer.

Mise en route d'un chauffage à vapeur à basse pression.

1º Remplir d'eau la chaudière jusqu'au milieu du tube de niveau.

Pour cela, s'assurer que le robinet de vidange

est fermé, ouvrir ensuite le robinet d'alimentation et un des robinets-jauge, celui inférieur, placés directement sur la chaudière ou la bouteille de niveau.

Quand ce dernier robinet donnera de l'eau, le fermer, on devra alors apercevoir son niveau dans le tube de verre ; si elle n'y était pas encore, manœuvrer les robinets de la monture de niveau pour voir s'ils ne sont pas fermés.

La monture de niveau doit toujours rester en communication avec l'intérieur de la chaudière.

Quand l'eau sera au milieu du tube de niveau, *fermer le robinet d'alimentation.*

On devra ensuite, pendant la marche, maintenir ce *niveau de l'eau toujours à mi-tube*, ce qui sera facile, puisque la dépense d'eau est insignifiante.

2° Allumer le feu.

Pour cela, placer dans le foyer quelques copeaux et bûchettes de bois, au-dessus *un peu* de bon charbon.

Ouvrir le registre du conduit de fumée et la porte de cendrier.

Mettre le feu aux copeaux et fermer la porte du foyer.

Quand le charbon est bien pris, en charger une couche uniforme, pas trop épaisse ; le feu, devenu clair et vif, remplir alors le foyer de combustible.

3° Réglage.

Fermer la porte de cendrier qui devra *toujours* rester ainsi, et étrangler le registre du conduit de fumée.

Faire glisser sur leur tige les contrepoids du

régulateur automatique de combustion, de façon à
ne laisser passer, par les portes qu'il commande,
que la quantité d'air strictement nécessaire aux besoins de la combustion que les *observations journalières* auront fait reconnaître utile pour la température du moment.

4° Marche économique.

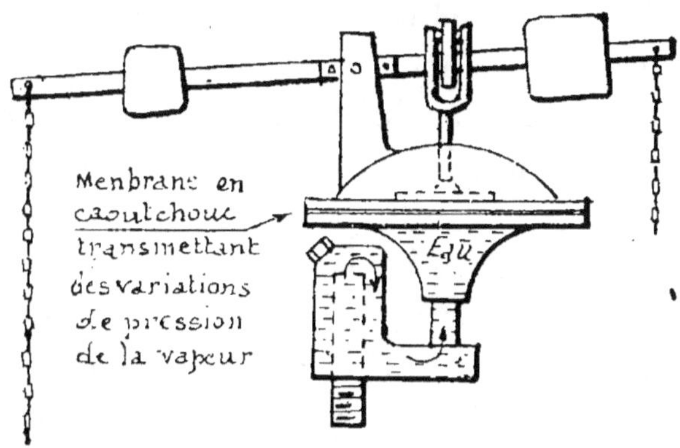

Fig. 12.

Recharger ensuite le foyer à *intervalles réguliers*,
généralement le matin, le midi et le soir.

Tenir toujours *le feu clair*, en remuant les barreaux de la grille à l'aide d'un levier réservé à cet
usage et placé extérieurement sur le côté de la
chaudière.

Ici s'explique l'utilité de la cuvette cimentée dont
nous avons parlé page 34 (voir fig. 1 et 2).

C'est une sorte de coquille, creusée dans le sol
et mesurant en son milieu 10 centimètres environ
de profondeur, elle affecte la forme de la base de
la chaudière, laquelle se place au-dessus.

Cette coquille, revêtue de ciment pour éviter les

infiltrations, *contiendra toujours de l'eau*, de cette façon les cendres qui tomberont en secouant la grille s'éteindront rapidement, le bon charbon qu'elles contiennent encore ne continuera pas à brûler et pourra être recueilli, d'où économie sensible.

De plus, l'eau de cette cuvette formant miroir permettra de se rendre compte facilement de l'état de clarté du feu sans avoir à manœuvrer la porte du foyer.

Enfin la vapeur de cette eau, produite par le rayonnement du foyer, s'élèvera et viendra humidifier les barreaux de grille en leur assurant une durée beaucoup plus grande.

Une autre condition de marche économique est la *propreté absolue* qui devra régner en toutes les parties du foyer léchées par les flammes et les gaz. Ce nettoyage devra se faire très fréquemment, il assurera la transmission intégrale à l'eau de la chaudière des calories dégagées par le combustible et maintiendra toujours semblable le *rendement élevé* des appareils lors de leur mise en service.

Ce rendement peut diminuer de 50 *p.* 100 et la dépense de charbon *augmenter* d'autant si ces prescriptions ne sont pas observées.

5° Mise en pression.

Vingt minutes environ après l'allumage, la vapeur se sera formée et le manomètre indiquera une certaine pression.

Cette vapeur se rendra par les tuyauteries dans les radiateurs, s'y condensera, l'eau formée réintégrera la chaudière par ses propres moyens, en empruntant d'autres tuyaux, sera vaporisée à nouveau et le chauffage fonctionnera.

Dans chaque pièce on manœuvrera alors les robinets des radiateurs suivant les besoins.

Si la vapeur sort par le tuyau (évent) prolongé à l'extérieur, on devra diminuer le tirage, jusqu'à ce que la pression baisse suffisamment pour que ce tuyau ne laisse plus rien passer.

D'ailleurs le réglage initial de l'installation, par les robinets, a dû être fait de façon que la partie basse de la dernière section de chaque radiateur, celle qui porte le branchement allant au tuyau de retour de l'eau, soit refroidie au point qu'on puisse la toucher sans ressentir une impression de brûlure.

 - 6° Manque d'eau.

Si l'on s'apercevait que l'eau manque dans le tube de niveau, on ouvrirait rapidement le robinet-jauge inférieur pour se rendre compte si cette disparition n'est pas due à la fermeture de la monture de niveau ou à l'obturation du tube.

Si le robinet-jauge donne de l'eau, manœuvrer la monture de niveau pour rétablir la communication ou déboucher le tube.

Si le robinet-jauge donne de la vapeur, fermer la porte du cendrier (si par hasard elle est ouverte), puis fermer les portes d'appel d'air commandées par le régulateur, tenir fermée la porte du foyer, ouvrir ensuite le registre du conduit de fumée, et manœuvrer le levier de la grille pour faire tomber le charbon dans le cendrier, lequel, contenant de l'eau, assurera l'extinction du feu.

Attendre ensuite que la chaudière soit complète-

ment refroidie, pour remettre de l'eau et ramener le niveau à mi-tube.

Mise en route d'un chauffage à eau chaude.

1º Faire le plein de l'installation.

Pour cela, s'assurer que le robinet de vidange est fermé ainsi que tous les purgeurs d'air ; que tous les robinets des radiateurs sont ouverts.

Si l'on possède l'eau sous pression de la ville, ouvrir alors le robinet d'alimentation, sinon mettre de l'eau avec des brocs dans l'entonnoir qui a dû être prévu à cet effet près du vase d'expansion.

Quand l'eau est arrivée à une certaine hauteur, ouvrir un par un les purgeurs d'air en commençant par ceux inférieurs et les refermer dès qu'ils donnent de l'eau.

Dès que l'eau apparaît à la partie basse du tube du vase d'expansion, fermer le robinet d'alimentation ou cesser d'en introduire par l'entonnoir.

On devra toujours apercevoir le niveau de l'eau dans le vase d'expansion.

2º Allumer le feu.

Faire les mêmes opérations que dans le cas de vapeur.

3º Réglage.

Il n'est pas indispensable pour une installation à eau chaude de posséder un régulateur automatique de combustion ; si on peut envisager la dépense, cela sera mieux, et dans ce cas la manœuvre se réduira à allonger ou raccourcir une chaînette commandant les portes d'appel d'air, cela suivant la température à obtenir au thermomètre de la chaudière, température indiquée aussi par les observations journalières, comme dans le cas de vapeur.

Si on n'adopte pas de régulateur automatique de combustion, on se contentera d'opérer le réglage par la manœuvre de la porte de cendrier et le registre du conduit de fumée.

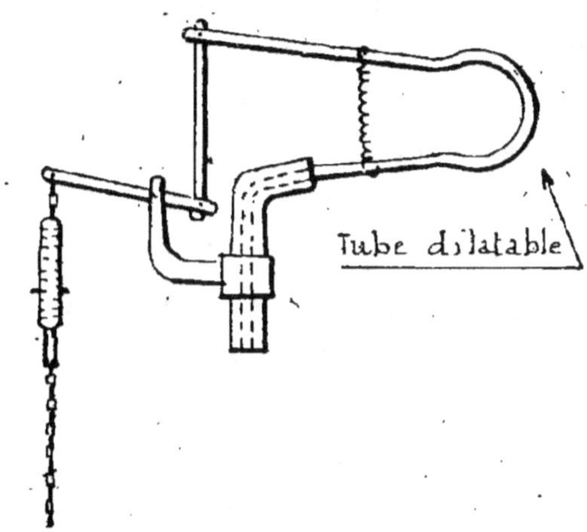

Fig. 13. — Régulateur automatique de combustion pour eau chaude.

4º Marche économique.

Mêmes opérations et observations que pour le cas du chauffage à vapeur.

5º Mise en route du chauffage.

Dès que le feu a été allumé, l'eau en contact avec le foyer s'est échauffée et a gagné les tuyaux à proximité poussée par celle encore froide et plus dense du reste de l'installation, cette dernière arrivant progressivement jusqu'à la chaudière s'y échauffe à son tour, pendant que la première, refroidie dans les radiateurs, s'alourdit et vient par son augmentation de poids assurer la continuité de la circulation.

Il ne reste plus qu'à manœuvrer les robinets des radiateurs suivant les besoins de chacune des pièces.

On jettera de temps à autre les yeux sur le thermomètre de la chaudière et on réglera la combustion pour que la température qu'il indique reste fixe en un point qui sera donné par la rigueur de la saison.

Quand un radiateur *devient paresseux* dans le système à eau chaude, il suffit de le purger de l'air qui s'est accumulé à sa partie supérieure ; pour cela dévisser le purgeur d'air placé à cet effet, et le revisser quand l'eau commence à arriver.

Soins à donner aux installations de chauffage après l'hiver.

1º Intérieurement :

Chauffage à vapeur.

Quand vous n'aurez plus à faire usage de votre chauffage, videz l'eau de la chaudière pour en extraire les dépôts qui auraient pu s'y accumuler, puis remplissez à nouveau votre appareil jusqu'en haut et laissez-le ainsi passer la saison chaude.

Quand l'hiver sera proche, vous viderez encore l'eau et referez le plein jusqu'à mi-tube avant de procéder à l'allumage.

Chauffage à eau chaude.

On videra également en fin de saison, toute l'eau de l'installation pour évacuer les dépôts qui s'y sont formés ; puis on remplira à nouveau, pour laisser passer ainsi les mois d'été.

Quand la saison froide approchera au moment de l'allumage, on videra et on remplira encore une fois, toujours en vue de ne laisser aucune boue s'accumuler dans les appareils ou la tuyauterie.

2° Extérieurement :

Ce nettoyage est le même pour les deux genres de chauffage.

La partie eau de l'installation réglée, on enlèvera la suie dans toutes les parties de la chaudière où elle aura pu se déposer, ainsi que dans le conduit de fumée en tôle ; on fera *soigneusement* ramoner la cheminée, on grattera et on balayera parfaitement toutes les surfaces de la chaudière en contact avec les gaz du foyer.

On vérifiera l'état de la grille, on se procurera au plus tôt les parties qui pourraient en être à remplacer ainsi que les quelques accessoires devenus défectueux.

On se rendra compte de l'état du tuyau de raccordement en tôle de la chaudière avec la cheminée, on remplacera ce qui en sera mauvais et on 'enduira d'un *corps gras* pour combattre l'oxydation.

Le fumiste inspectera minutieusement la cheminée en maçonnerie, rebouchera les fissures qui auront pu s'y produire, et entretiendra en parfait état la mitre supérieure ou l'aspirateur.

En un mot, tout devra être mis en ordre et régularisé au plus tôt, comme si l'on était obligé d'allumer quelques jours après.

Car, dans le cas contraire, il arrivera fatalement ceci, que négligeant de jour en jour l'exécution de ces petits travaux, la saison froide s'approchera en sournoise ; ses premières atteintes détermineront, chez les hommes du métier et les fabricants, *l'état de presse* bien connu, tout le monde désirant être servi en même temps ; et alors, *inconsciemment*, pour donner satisfaction au plus grand nombre, ils n'apporteront plus à leur travail le soin et la méthode qui auraient été employés si l'on s'y était pris plus tôt.

APPENDICE

Calcul des tuyauteries.

Il est évident que plus le radiateur est important, c'est-à-dire plus il doit fournir de calories et plus il est éloigné de la chaudière, plus la tuyauterie doit être d'un fort diamètre.

Les tuyauteries sont construites en tôle de fer soudée suivant une génératrice, elles sont d'une épaisseur de 3 à 4 millimètres et sont désignées dans le commerce par leurs diamètres extérieur et intérieur.

Les principaux calibres couramment usités sont, en millimètres :

15 /21, 20 /27, 26 /34, 33 /42, 40 /49, 50 /60, 60 /70

qui, en pouce, correspondent à :

1 /2, 3 /4, 1, 1 1 /4, 1 1 /2, 2, 2 1 /4.

Chaque tuyau, d'une longueur courante de 4 à 6 mètres, est fileté aux deux extrémités et ils sont assemblés entre eux à l'aide de pièces en fonte vendues toutes filetées dans le commerce, il en existe des formes les plus diverses permettant de donner aux tuyauteries les formes les plus complexes s'accordant avec les nécessités de l'immeuble.

Nous avons vu dans le cours du manuel que les tuyauteries employées dans le chauffage à vapeur étaient d'un diamètre intérieur moindre que celles utilisées dans le chauffage à eau chaude, nous pourrons nous rendre compte d'après les tableaux ci-contre, qu'il en est ainsi.

Chauffage à vapeur

Calories transportées	Dimensions des Tuyauteries	
	Aller	Retour
3.500	15 /21	15 /21
6.500	20 /27	15 /21
10.500	26 /34	20 /27
17.000	33 /42	20 /27
25.000	40 /49	26 /34
39.500	50 /60	33 /42
57.000	60 /70	40 /49

Chauffage à eau chaude.

Calories transportées à une hauteur verticale comprise entre 1/2 chaudière et 1/2 radiateur égale à :			Dimensions des tuyauteries
3 m.	6 m.	9 m.	
1.400	2.000	2.500	20 /27
2.900	4.000	5.000	26 /34
5.300	7.000	9.000	33 /42
7.700	13.500	13.000	40 /49
12.000	17.000	20.500	50 /60
17.400	24.500	30.000	60 /70

En examinant ces deux tableaux, on remarquera que :

1º Dans le tableau *vapeur*, les tuyauteries d'aller et de retour ne sont pas semblables, ce qui se comprend puisqu'au départ la tuyautérie ne contient que de la vapeur et que au retour, elle ne contient plus que de l'eau (vapeur condensée) de volume moindre, et de l'air ;

2º Dans le tableau *eau chaude*, les tuyauteries sont les mêmes, mais plus l'étage où le radiateur est placé est élevé, plus la tuyauterie qui aboutit à cet appareil est moindre pour un même nombre de calories à transporter.

Voici comment on procède pour se servir de ces deux tableaux :

On relève d'abord le plan de l'immeuble à chauffer, on y indique l'emplacement de la chaudière et des radiateurs, à côté de chacun d'eux on indique respectivement le nombre de calories qu'il doit assurer, puis on part du radiateur le plus éloigné de la chaudière et on ajoute son nombre de calories à celui qui vient après en se rapprochant de la chaudière, ce total, d'après le tableau, nous donne un certain diamètre, et nous opérons ainsi jusqu'à la chaudière.

Comme contrôle, le chiffre total des nombres inscrits près des radiateurs doit être semblable à celui inscrit près de la chaudière.

Cette méthode, très simple, ne peut évidemment rester pratique et vraie que si le développement de la tuyauterie (parties verticale et horizontale) n'excède pas 30 mètres dans chaque sens, la chaudière étant supposée au centre de l'immeuble.

Chauffage à eau chaude par cuisinière.

Pour les appartements et petits immeubles d'une importance de cinq à six radiateurs, on peut, pour éviter l'encombrement d'une chaudière, faire usage d'une cuisinière spéciale qui assurera le service du chauffage et de la cuisine, on pourra même y adjoindre un appareil pour la production d'eau chaude.

Cette cuisinière, placée évidemment dans la cuisine, comprendra un foyer assez vaste pour contenir le combustible nécessaire aux deux services et une de ses faces sera directement en contact avec le four de façon à assurer le coup de feu indispensable au service culinaire ; il sera bon de prévoir un foyer d'hiver et un foyer d'été, époque où le chauffage ne fonctionne pas, le réglage du foyer se fera à l'aide d'un papillon comme dans les chauffages ordinaires et il sera bon d'installer un thermomètre de façon à pouvoir s'assurer de la température de l'eau.

Ces chauffages, qui ne s'emploient qu'avec l'eau chaude, comportent également un vase d'expansion avec trop-plein, à la partie supérieure de l'installation.

Service d'eau chaude.

Il est utile d'avoir constamment à sa disposition

une réserve d'eau chaude pour les bains, la toilette ou la laverie.

Quand on possède le chauffage central, il est très facile d'adapter sur les tuyauteries d'aller et de retour un branchement communicant avec un réservoir placé au plafond de la cuisine ou du grenier, suivant que l'on possède ou non l'eau sous pression, et d'avoir de l'eau qui se chauffe automatiquement.

Ces réservoirs, de toute contenance, sont construits en tôle galvanisée et se trouvent dans le commerce.

Pour connaître le volume de celui dont on doit se munir, on peut procéder comme suit :

On compte le nombre de baignoires, de lavabos et de laveries qu'il doit alimenter à raison de :

100 litres d'eau chaude par bain ;

5 — — — lavabo ;

50 — — — laverie.

Ces contenances devant être mitigées avec de l'eau froide qu'on ne compte pas dans le volume du réservoir.

En ce qui concerne la dépense de charbon inhérente à cette eau chaude qu'on peut avoir à 70 degrés, on peut tabler sur 60 calories par litre d'eau chaude à 70° utilisée et, d'autre part, nous savons transformer, d'après le manuel, les calories en kilogrammes de charbon.

Nous avons épuisé ensemble le programme que je m'étais tracé, mais avant de vous quitter, je tiens à vous remercier vivement de la bienveillante attention que vous m'avez accordée.

Je pense avoir réussi à vous présenter, sous une forme attrayante, un sujet par lui-même quelque peu aride.

Il eût peut-être été possible, pour faciliter encore son assimilation, de simplifier ou même de supprimer certains calculs, mais l'exactitude des résultats, donc vos intérêts, en auraient soufferts et je ne pouvais m'arrêter à cette idée.

D'ailleurs, une deuxième lecture que votre esprit de méthode et de persévérance vous incitera certainement à faire, en d'autres moments de loisir, suffira à vous assurer la pleine possession du sujet, et alors, sa mise immédiate en pratique *sera pour vous*

La santé,

Le bien–être

et l'économie.

Nota. — *Nous n'avons pas cru devoir faire, pour rester sur le terrain de la neutralité, la description des appareils spéciaux à chaque fabricant ; ces derniers envoyant leurs prospectus sur simple demande.*

Nous considérerons toujours comme très précieux l'avis de nos lecteurs sur les différentes parties de notre manuel et la relation de l'usage qu'ils en auront fait sera accueillie avec empressement.

L. P.

TABLE DES MATIÈRES

TROISIÈME PARTIE

ACCESSOIRES. — CONSEILS
MARCHE ÉCONOMIQUE. — SOINS A PRENDRE

ORLÉANS, IMP. H. TESSIER

PRÉCIS ILLUSTRÉ DE MÉCANIQUE

LA MÉCANIQUE PRATIQUE

GUIDE DU MÉCANICIEN

PROCÉDÉS DE TRAVAIL
EXPLICATION MÉTHODIQUE DE TOUT CE QUI SE VOIT
ET SE FAIT EN MÉCANIQUE

PAR

Eugène DEJONC

SIXIÈME ÉDITION REVUE ET CORRIGÉE

PAR

René CHAMPLY
Ingénieur-mécanicien.

1 vol. in-16 broché de 573 pages et 755 fig. 1924 .... **20 fr.**

Cet ouvrage, en quelque sorte nouveau, peut servir de Code d'instruction complète à l'ouvrier mécanicien. Dans cette 6e édition, revue et corrigée par M. R. Champly, celui-ci s'est imposé de ne point quitter le domaine de la pratique ; il n'a pas abusé des termes scientifiques, mais au contraire il a conservé le langage des ateliers. Ainsi mise à la portée de tous, cette publication devient un guide indispensable et sûr pour toute personne ayant le goût de la mécanique, science et art dont toutes les branches présentent la plus haute importance et le plus vif intérêt.

Ajouter 10 p. 100 pour frais de port et d'emballage.